KB044238

머리말

수학 공부는 왜 하는 걸까요?

수학적 추론 능력을 길러 창의적으로 문제를 해결하기 위해서예요.
추론 능력은 모든 학문의 기초가 되는 능력이에요.
그래서 '수학을 공부하는 방법에 대한 학문'이라고 말하기도 한답니다.
수학을 잘하기 위해서는 수학 용어에 대한 정확한 이해가 밑바탕 되어야 합니다.
초등학교 수학 교육은 '수와 연산, 도형, 측정, 규칙성, 자료와 가능성' 5개 영역으로 나누어 수학의 기초를 튼튼히 다지는 과정이에요. 각 영역마다 다양한 수학 용어들을 다루고 있고, 고학년이 될수록 학습하는 수학 용어들이 늘어납니다.
그런데 수학 용어의 개념을 정확하게 이해하지 못한 채 수학 문제를 풀기 위한 노력만 한다면, 수학은 점점 재미없고 어렵게만 느껴질 거예요.

<수학도둑 수학용어사전>은 초등학교 수학 교육에서 다루는 수학 용어들을 적절한 상황 속에서 알기 쉽고 재미있게 만화로 설명해 주고 있습니다.
이 책을 읽다 보면 알쏭달쏭했던 수학 용어의 개념이 정확하게 이해되고, 이를 바탕으로 여러분의 수학적 추론 능력과 창의적 문제해결력이 쑥쑥 자라날 것입니다.

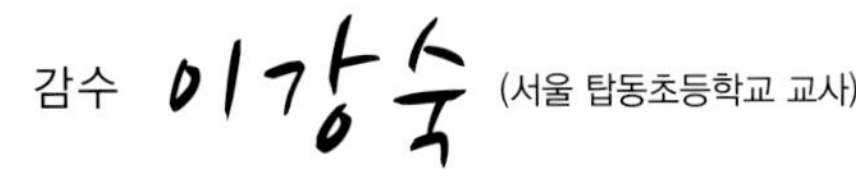
감수 이강숙 (서울 탑동초등학교 교사)

이 책의 특징

또 하나의 수학 공부 길잡이 <수학도둑 수학용어사전>!

국내 NO.1 수학 학습 만화 〈코믹 메이플스토리 수학도둑〉의 기획진이 선보이는 수학 학습 만화입니다. 수학 용어 뜻과 실제 활용을 흥미진진한 스토리텔링 만화로 소개하여 수학을 공부하는 데 좋은 길잡이가 되어 줍니다.

초등 수학 교과 속 용어 완벽 수록!

수학 공부를 하다가, 또는 생활 속에서 문뜩 뜻을 잘 모르는 수학 용어를 만난 적이 있지요? 수학 용어를 제대로 이해하지 못하면, 수학이 어렵게 느껴지고 학년이 올라갈수록 수학을 포기하는 경우도 생긴답니다.

〈수학도둑 수학용어사전〉은 초등 수학 5개 영역 속의 수학 용어 300개 이상을 소개하고 있어서 용어의 이해와 함께 수학 실력을 쑥쑥 올릴 수 있어요.

이 책은 1학년부터 6학년까지, 1~10권으로 난이도에 따라 수학 용어를 구성하여 재미있는 만화로 알기 쉽게 설명해 준답니다. 이렇게 총 10권을 읽으면 300개 이상의 수학 용어를 정확하게 이해할 수 있게 될 거예요.

〈수학도둑 수학용어사전〉으로 기초부터 완성까지 한 번에 해결하세요!

〈수학도둑 수학용어사전〉 시리즈 구성

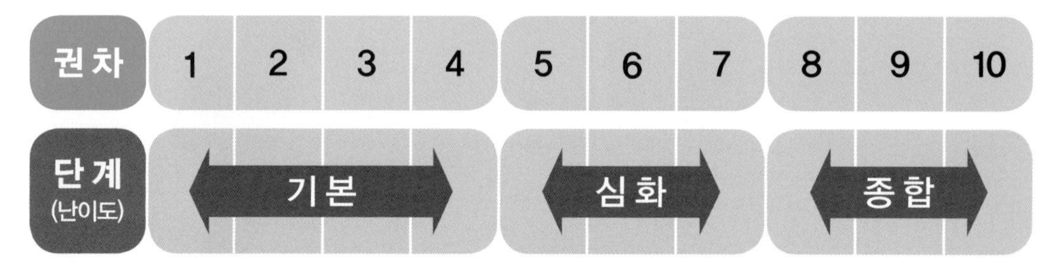

권차	1	2	3	4	5	6	7	8	9	10
단계 (난이도)	기본				심화			종합		

<수학도둑 수학 용어 사전>만의 수학 용어 정복 비결!

1단계 수학 학습 만화

수학 용어를 주제로 한
흥미진진한 만화를 통해 재밌고
자연스럽게 수학을 익혀요.

딱 걸렸어!
빠
타앙~
이걸로
비긴 거다.
23
데몬슬레이어의 작은 물병
주제어 들이
여기
두 개의 물병이
있어요.
둘 중 어느 물병의
들이가 더 클까요?
음...
넓적한 병!
나는
길쭉한 병!

2단계 수학 용어 정리

새로운 용어, 한 번 더 알고
넘어 가면 좋은 용어를
정리하면서 수학 용어를
습득해요.

친절한
슈미쌤
집합

맞아요.
그게 집합 수예요.
카이린
아테나 님?
응?
음...
다섯째!
둘째!

3단계 펀펀 수학 퀴즈

OX 퀴즈, 괄호 퀴즈를 통해
책에서 익힌 수학 용어를
복습하고, 수학 자신감을 길러요.

펀펀
OX퀴즈 15

그럼, 다음 팀
나오세요!
우승팀을 가리기
힘들겠는데요?

4단계 수학 용어 카드

내가 만드는 수학 용어 카드

책 속 핵심 수학 용어를 정리한
미니 카드를 모아 나만의
수학 용어 사전을 만들어 보세요.

등장인물

도도 제우스

신들의 세계 〈올림포스〉를 다스리는 제왕.
천둥과 벼락을 자유자재로 부리며
검술에도 능하다. 슈미가 던진 에로스의
화살에 맞고 사랑에 눈을 뜬다.

슈미 에우로페

〈올림포스〉의 요리사 지망생.
갑자기 날아온 전단지에 이끌려
올림포스 궁전으로 향하고, 그곳에서
요리사이자 수학 선생님이 된다.

요리할 땐
셰프 모자!

아루루 아폴론

〈올림포스〉 12신 중 태양의 신.
음악과 시를 관장하고 있어서 악기를 잘
다루며 주무기인 금강주먹으로 몬스터를
무찌른다. 도도의 라이벌이다.

주카 아르테미스

〈올림포스〉 12신 중 사냥의 여신.
은활과 금화살로 몬스터를 사냥한다.
요리사가 만든 음식이 먹고 싶어서
궁전 요리사의 모집 전단지를 만든다.

바우 아프로디테

〈올림포스〉 12신 중 미의 여신.
사랑과 아름다움을 관장하고 있지만
실제로는 음식의 여신이라는 말이
더 어울릴 정도로 먹는 것을 좋아한다.

델리키 헤파이스토스

〈올림포스〉 12신 중 대장장이의 신.
손재주가 좋아 무엇이든 금방 만든다.
바우를 오랫동안 짝사랑하고 있다는 것을
바우를 제외한 모두가 알고 있다.

카이린 아테나

〈올림포스〉 12신 중 전쟁의 여신.
전쟁과 지혜를 관장하고 있어서 싸움에
능하며, 꾀가 많은 편이다.
주로 권총을 사용하여 몬스터를 무찌른다.

차례

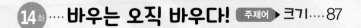

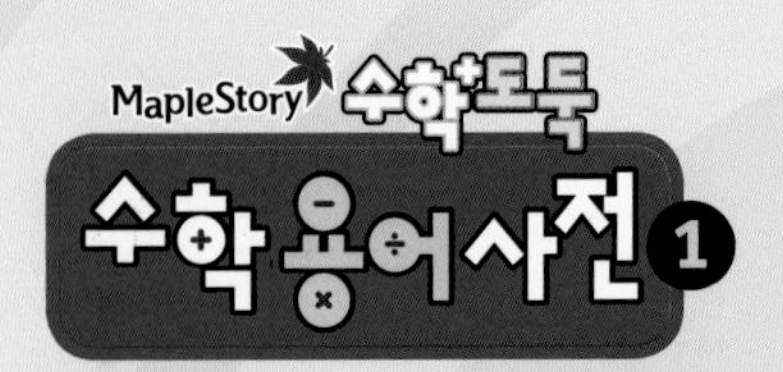
MapleStory 수학도둑
수학 용어사전 1

1판 1쇄 인쇄 | 2019년 7월 30일
1판 1쇄 발행 | 2019년 8월 9일

글 | 동암 송도수
그림 | 현보 양선모
감수 | 이강숙(서울 탑동초등학교 교사)
발행인 | 이정식
편집인 | 최원영
편집장 | 최영미
편집 | 조문정
표지 및 본문 디자인 | 이명헌
출판 마케팅 | 홍성현, 이동남
제작 | 이수행, 주진만

발행처 | 서울문화사
등록일 | 1988. 2. 16.
등록번호 | 제2-484
주소 | 140-737 서울특별시 용산구 새창로 221-19
전화 | (02)791-0754(판매) (02)799-9171(편집)
팩스 | (02)749-4079(판매)
출력 | 덕일인쇄사
인쇄처 | 에스엠그린
ISBN 979-11-6438-115-9, 979-11-6438-114-2(세트)

1화

신들의 요리사

슈미 에우로페
한식 일식 중식
양식 요리사
자격증 있음!

휘이이익
슈미 에우로페
한식 일식 중식
양식 요리사
자격증 있음!
HOT DOG

나의 꿈은 멋진
*셰프 모자를 쓰고
근사한 주방에서
맛있는 음식을
만드는 것이지!
휴우

하아~, 언제쯤 꿈을
이룰 수 있을까?
펄럭
펄럭

앗! 뭐, 뭐야!
타악

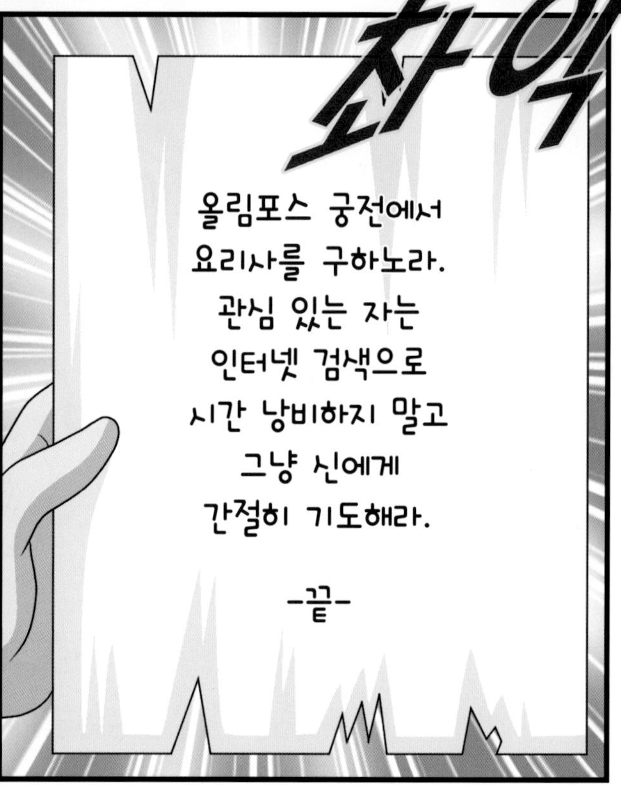
촤악
올림포스 궁전에서
요리사를 구하노라.
관심 있는 자는
인터넷 검색으로
시간 낭비하지 말고
그냥 신에게
간절히 기도해라.
-끝-

*셰프 : 음식점에서 요리를 하는 사람들 중 으뜸인 사람.

누가
이런 장난을….
휙

느윽

속는 셈 치고
해 볼까?

신이시여,
당신을 위해
요리하게 해 주소서….

펄럭
?!
펄럭

*합격
PASSED
쿠궁

*합격 : 시험에서 일정한 조건을 갖추고 통과하여 자격과 지위를 얻는 것.

두둥
신들의 궁전!
아, 떨린다….
두근 두근 두근
이리하여 슈미 에우로페는
첫 출근을 하게 되었다.

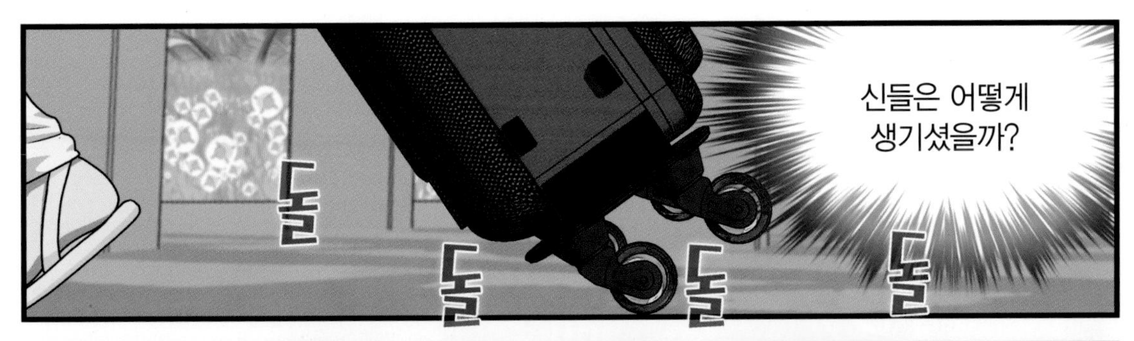
신들은 어떻게
생기셨을까?
돌
돌
돌
돌

무엇을
하고 계실까?
진지한
모습으로
인간 세상을
살펴보고
계시겠지?
돌
돌
돌

벌컥

두둥
드르렁
드르렁
으악!
내 퍼즐!!
이거 안 놔?!
퍼엉

머엉

2화

신들은 수를 모른다

주제어 ▶ 수

아,
안녕하세요?
꾸벅

누구지?

저는
'슈미 에우로페'라고
하는데요, 요리사를
구한다고 하셔서….
휙
휙
휙

누가 요리사
구했냐?

응, 내가….
왜? 대충 마법으로
해 먹으면 되지….

마법으로 만든 요리는
항상 그게 그거라
지겹단 말이야.

저한테 맡겨 주세요.
다양한 음식을 맛있게
만들 수 있어요.
처억

알았으니까
주방 가서 요리나 해.
말 많은 요리사는
질색이야.
깜짝
몇 인분
요리를 할까요?

몇 인분?
그게 무슨 말이지?
냠~
냠~
냠~

몇 분이 식사를
하실 거냐고요.

몇 분이라니
그게
무슨 말이지?

친절한
슈미쌤

몇

'몇'이란 얼마만큼의 수를 막연하게 이르는 말로, 얼마만큼의 사람을 셀 때는 '몇' 뒤에 '명' 또는 '분'을 붙여요.

불안~
불안~
불안~

이봐, 요리사!
왜 그렇게 질문이 많아?
얼른 가서 요리하라니까!
버럭~

저기요, *월급은 얼마를 주실 건지…?

월급? 얼마? 그게 무슨 말이지?

슈미 에우로페는 그제야 깨달았다. 신들은 수를 모르는 것이다!
쿠르르릉

*월급 : 한 달을 단위로 하여 지급하는 일에 대한 보수. 돈.

하긴 수를 알 필요가
어디 있겠는가?
배고프다,
뭐 먹을까?
밥?

음…
짜장면?
알았어,
짜장면!
타 앗
파 앗
우와, 짜장면
맛있다~.
후루룩
후루룩
버, 벌써
다 먹었어?
잘 먹겠습니다~.

수를 모른다면…
당연히 돈도 모를 것이고,
그럼 월급을 줄 리가 없어!
으
으

너 요리하러
안 갈 거야?

죄송한데요, 저는 그만
두어야겠어요.
덜
덜
덜

뭐? 신을
놀리냐?
텅
죄송해요….
월급도 못 받고
일할 순 없어.

네 소원이
뭐지?

셰프가
되는 거요.

나, 도도 제우스가
예언한다. 슈미 에우로페는
영원히 셰프가 될 수 없다.
감히 신을 놀린 벌이니라.
킥
킥
킥

콰
광

도도 제우스 님,
잘못했어요.
한 번만 용서를….
털썩

시끄러워!
어서 사라져!
휙
휙

부들
부들

으아앙
아함
으아앙

3화 신들에게 수를 가르치다

주제어 수

훌쩍
훌쩍

화살?
훌쩍
훌쩍

도도 제우스!
신이면 다야?
꾸욱~

둥

야!!
도도 제우스!!!
부웅
퍼억
쿠궁
저, 저건
*에로스의 화살!
쿵

*에로스의 화살 : '사랑의 신' 에로스가 쏘는 화살로 심장에 맞으면 열렬한 사랑의 감정을 품게 되는 화살.

너 나빠!
못됐어!
버럭~

흑흑.
휙

후다닥!!

잠깐만~!
가긴 어딜 가?
딱
딱

아뇨, 갈래요.
월급도 안 줄
거잖아요.
월급?
그게 뭔지 모르지만
달라는 대로 줄게.

수도 모르면서
어떻게
월급을 줘요?
벌컥

수?
수가 뭐지?
흐음

너희들
수가 뭔지 알아?
수?
처음 듣는
말인데….
이 바보들!
수에 대해선
내가 잘 안다.

나는
1부터 100까지
셀 수도 있다.
척

그래도
수를 아는 신이
한 명은 있네.
다행이다.

훌륭하시네요.
1부터 100까지
세어 보세요.
그러지 뭐.

1!

100!
오 마이 갓!
쿵

바우가 1부터
100까지 세었어.
우와, 엄청나다!
쿠
쿠
쿠
쿠
훽
저는 그냥
갈래요.

예?
수를 가르쳐
달라고요?!
왜 자꾸 간다고 그래?
수가 뭔지 모르지만 네가
가르쳐 주면 되잖아.

배우긴 뭘 배워?
귀찮게….
그래,
열심히 배울게.
귀찮아~

무조건 배운다!
콰
콰
쾅
알았어—!!

이제 가르쳐 줘.
근데 네 이름이 뭐더라?
엄청 예쁜 이름이었는데…?
에휴….

결국 슈미 에우로페는 신들에게
수학을 가르치게 되었다.

4화

1부터 9까지 배우다

주제어
수

타탁

타탁

1 2 3 4 5 6 7 8 9

타탁

수란 물건의 개수나 양을 나타낸 값이에요. 이건 숫자이고요.

1 2 3 4 5 6 7 8 9

터억

너무 어렵다… 어른들이 배우는 것 아니야?
으아아

친절한 슈미쌤

수와 숫자

'수'는 사물을 세거나 헤아린 양, 크기나 순서를 말하며
'숫자'는 이러한 수를 나타내는 기호예요.

수에 대해 얼마나
이해하고 있는지
시험해 보자.
스윽

척
척
척

과자 개수를
세어 보세요.
이건 쉽지~!

일, 이, 삼, 사,
오, 육, 칠, 팔, 구!

아뇨,
개수를 셀 때는
그렇게 하는 게
아니에요.

척
하나, 둘, 셋, 넷, 다섯,
여섯, 일곱, 여덟, 아홉!

뭐야, 이건 더 어렵잖아!

척

위쪽과
아래쪽 중에서
어느 쪽이 개수가
더 많을까요?
다들
세어 보세요.

당연히
아래쪽이지.
누굴
바보로 알아?
버럭~
버럭~
수에 대해
전혀 이해를
못하고 있구나.
절망

아루루 아폴론 님,
위쪽 과자의 개수를
세어 보세요.
789

하나, 둘, 셋, 넷,
다섯, 여섯, 일곱,
여덟, 아홉.
스윽

다음은 아래쪽
과자의 개수를
세어 보세요.

터억
하나, 둘, 셋,
넷, 다섯, 여섯, 일곱,
여덟, 아홉.

맙소사, 똑같이
아홉 개잖아!

개수는 과자가 크다, 작다로
따지는 게 아니에요.
세어 보아야 알 수 있어요.

우와~,
신기하다~~!
와아

도도 제우스 님,
친구분들을 한 줄로
*집합시켜 주시겠어요?

집합—!!
처억

*집합 : 사람들을 한곳으로 모으거나 모임.

후다닥!!
후다닥!!

주카 아르테미스 님,
모두 몇 명인지 세어 보세요.
척
척
척
하나, 둘
셋, 넷
척

나까지 여섯 명.
잘하셨어요.
여섯 명, 또는
6명이라고도 하죠.
짝
짝짝

이것이
집합 수예요.

5화 집합 수와 순서 수와 0을 배우다

주제어 집합 수/순서 수/기수/서수/0

집합 수?
양이나 개수를
나타내는 수를
말해요.

집합 수는 수를 나타내는 데
기초가 되는 수이기 때문에
기수라고 부르기도 하죠.

척
손가락이 모두
몇 개죠?
2
3
4
다섯 개.
1
5

맞아요,
그게 집합 수예요.

카이린
아테나 님?
응?

새끼손가락은
몇째일까요?
음….
스윽

다섯째!

그럼
집게손가락은요?
둘째!
척

맞아요.
그렇게 나타내는 수를
순서 수라고 해요.

친절한
슈미쌤
집합 수

'집합 수'는 어떤 묶음에 대한 크기를 나타내는 수를 말해요.
(예_ 한 손의 손가락의 개수는 5개)

순서 수는 순서를
나타내는 수라는 뜻인데
서수라고도 해요.
개수를 세는
집합 수하고는
다르답니다.
아….

다시 질문할게요.
손가락이 모두
몇 개죠?
다섯 개!

자, 질문할게요.
손가락이 몇 개죠?
어…?
샤샥

친절한 슈미쌤

순서와 순서 수

'순서'는 일정한 기준에 따라 정한 차례이며,
이러한 순서를 수로 나타낸 것이 '순서 수'예요.

아무것도 없는데…?
맞아요,
아무것도 없죠?

0
지익

0
아무것도 없음을
나타내는 수가
바로 0이에요.

아무것도 없는 것이
0이라고?

0이 있는데
왜 아무것도
없어?
좋은
질문이에요.
0

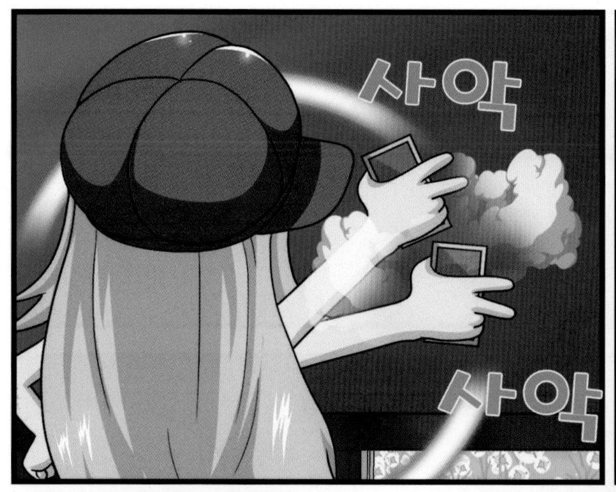
사악
사악

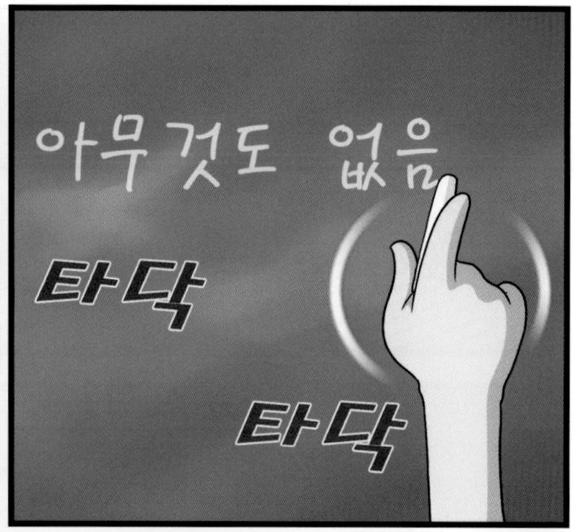
아무것도 없음
타닥
타닥

이제 됐죠?
아무것도 없음
응.

근데
'아무것도 없음'은
좀 길지 않나요?
아무것도 없음

사악
사악

지익
0

그냥 이렇게
줄이면
안 될까요?
0

펀펀
OX퀴즈 1

집합 수는 어떤 묶음의 양이나 개수를 나타내는 수야.
(정답은 38쪽에!!)

그게 간단해서 좋겠다.
0으로 하자.
나도
찬성~!

헉~
엇,
과자 어디 갔어?

바우
네가 숨겼지?
아니야,
나 과자 없어.
척

0이야.
금세
써먹는구나.
하
하 하
하
하 하

펀펀
OX퀴즈 1

정답 O (집합 수는 어떤 묶음에 대한 크기(양이나 개수)를 나타내는 수입니다.)

6화 오므라이스를 만들며 모양을 배우다

주제어 모양

보글
보글
보글
수학만 가르치는 게 아니라 요리도 하는 슈미 에우로페.

뭐 해?
요리하는데요.
보면 모르나?
스윽

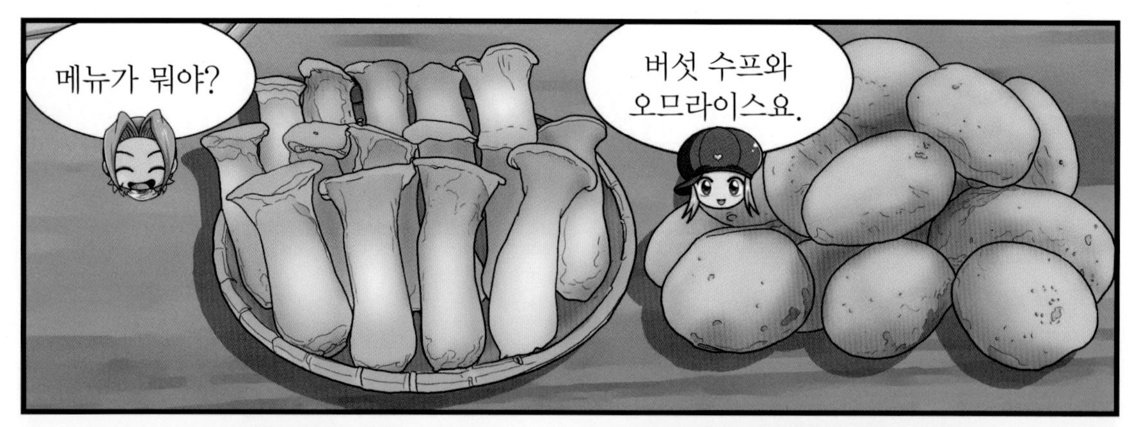
메뉴가 뭐야?
버섯 수프와
오므라이스요.

맛있겠다.
도와줄까?

아뇨,
됐어요.
!!
빠직
빠직
부들
부들

도와줄 거야!
이건 명령이다!
버럭~
네!

아,
알았어요.
씩
씩

오므라이스에
넣을 감자를
칼로 잘라 주세요.
좋아,
칼질은 나한테 맡겨.
나는 올림포스 최고의
*검객이거든~!
슉
슉
슉
어떤 모양으로
자를까?
골탕 좀 먹여야지.
주방에 다시는
얼씬도 못하게….

*검객 : 칼 쓰기 기술에 능숙한 사람.

〈*평평한 부분이 6개인 모양〉으로 잘라 주세요.

훗, 네가 해결할 문제가 아니란다~.

어떻게 해야 하는지 모르겠어.
그것도 모르면서 돕겠다고요? 당장 나가욧!

아하~!
!

휙

*평평하다 : 바닥이 울퉁불퉁하지 않고 고르다.

콰악
콰악
촤악
촤악
콰악
촤악
콰악

우수수수

헐

이번엔 다른 모양으로 자르세요.

어때? 더 자를까?
제, 제법이네.

친절한 슈미쌤

모양 수학에서 '모양'은 도형을 말해요. 직육면체, 원기둥, 구는 주변에서 쉽게 볼 수 있는 대표적인 입체 도형이에요.

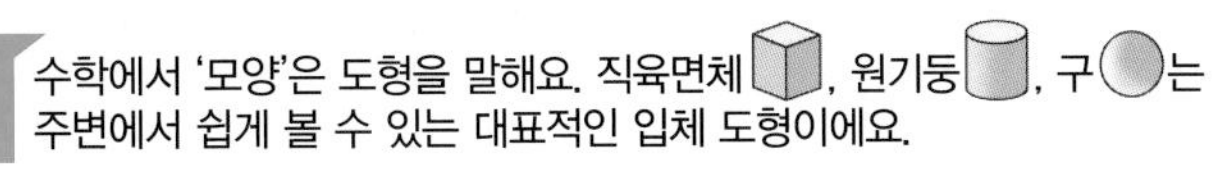

<평평한 부분이
2개인 모양>!

에….

훗, 이번엔
어려울 거다.

좋았어!
헉!

팍
팍
팍
팍
팍

7화

계산과 연산

주제어 ▸ 계산

뚱
우수수수

어때?

쉽네. 계속 자를까?
짠~

이번엔 〈평평한 부분이 없는 모양〉으로 자르세요!
척

에엥…?
이건 못하겠지!

히,
힌트 없어?
없어요.
빨리 하세요,
시간 없단
말이에요.

푸후

큭

웃, 웃었어?

휘이이익

파약
파약
파약
파약
우수수수
짠~
성공했지?
차악
네, 아주 잘하셨네요….
저기 이번엔 내 마음대로 잘라 보고 싶은데… 그래도 돼?
그러세요.

편편
괄호퀴즈 2

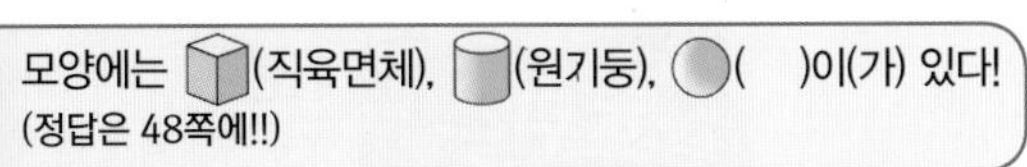
모양에는 (직육면체), (원기둥), ( )이(가) 있다!
(정답은 48쪽에!!)

보지 마,
딴 데 보고 있어.
휘이~
휘이~
됐죠?

왜 저래?
탁
탁
탁
탁

다 했어, 간다~.
후다닥!!

후다닥!!

스윽

또악

펀펀
괄호퀴즈 2

정답 구 (직육면체, 원기둥, 구는 주변에서 쉽게 볼 수 있는 입체 도형입니다.)

쿠
궁

타 타 탁

내가 무슨 짓을…
사랑에 빠졌나 봐!
화끈
화끈

오늘은 계산과
연산에 대해
알려 드릴게요.

쨍~

도무룩~

계산에 대해
아시나요?
산과 연산

물건 사고
돈 내는 게
계산이잖아.
와,
맞아요.
계산과 연산

친절한
슈미쌤

계산 수학에서 '계산'이란 주어진 수를 더하거나, 빼거나, 곱하거나, 나누는 과정을 말해요.

8화 몬스터와 싸우며 가르기를 배우다

주제어 연산/ 가르기

연산은
무엇일까요?
연산…?

?

말도 안 돼.
신이 어떻게
인간을 좋아해?
그냥 장난치는
걸 거야!
꽈악

연산
도도 제우스 님이
정말 나를
좋아하는 걸까?

도도 제우스 님,
연산이 뭐죠?

모르는데…?

일어나서 손들고
있으세요!
!

아니,
가르쳐 주지도 않고서
모른다고 벌을 줘?
덜
도무룩~
덜
덜
덜

연산이란 정해진 규칙에 따라
식의 값을 구하는 걸 말해요.
계산보다 더 큰 의미를
담고 있어요.
수를 세고 싶으면
그냥 세면 되지 왜 규칙에
따라 구해야 해?

보세요,
왼쪽의 봉지엔
사탕 7개가
들어 있고…
오른쪽 봉지엔
사탕 8개가
들어 있어요.
연산
척
척

친절한 슈미쌤 **연산**

'연산'은 덧셈, 뺄셈, 곱셈, 나눗셈 계산을 포함한 것으로 4가지 계산을 사칙 연산이라고 해요.

그럼 사탕은 모두
몇 개일까요?
그야 봉지에서 사탕을
꺼내어 세어 봐야 알지.

연산의 규칙을 알면
꺼내서 세지 않고도
몇 개인지
알 수 있어요.
계산과 연산
연산의 규칙은
조금 있다가 배울 거예요.
그 전에 가르기와
모으기를 배워야 해요.

가르기에 대해선
내가 좀 아는데….
말해 보세요,
카이린 아테나 님.
나, 손
내려도
돼?

아직 안 돼요!
처음엔 소리
지르고 못되게 굴더니,
나중엔 좋아한다며
장난을 쳐?
혼을 내주어야지.

*반란을 일으킨
몬스터와 전투를
할 때였어.
빙그르르

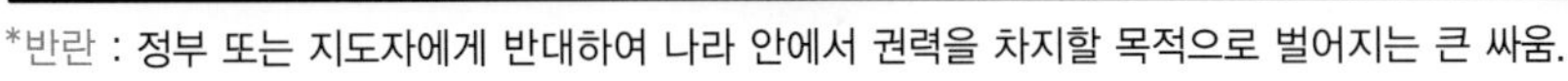
*반란 : 정부 또는 지도자에게 반대하여 나라 안에서 권력을 차지할 목적으로 벌어지는 큰 싸움.

수
권총 두 자루가
나의 무기였어.
둥
오른쪽 권총은
한 방에 몬스터 3마리를
쓰러트릴 수 있었고…,
척
왼쪽 권총은
한 방에 2마리를
쓰러트릴 수 있었지.

파
앗

두
두
두
두
두
두
뭐야,
이건!!
팍
팍

편편
괄호퀴즈 3

덧셈, 뺄셈, 곱셈, 나눗셈의 4가지 계산을 (　　) 연산이라고 한다!
(정답은 56쪽에!!)

잠깐, 멈춰!

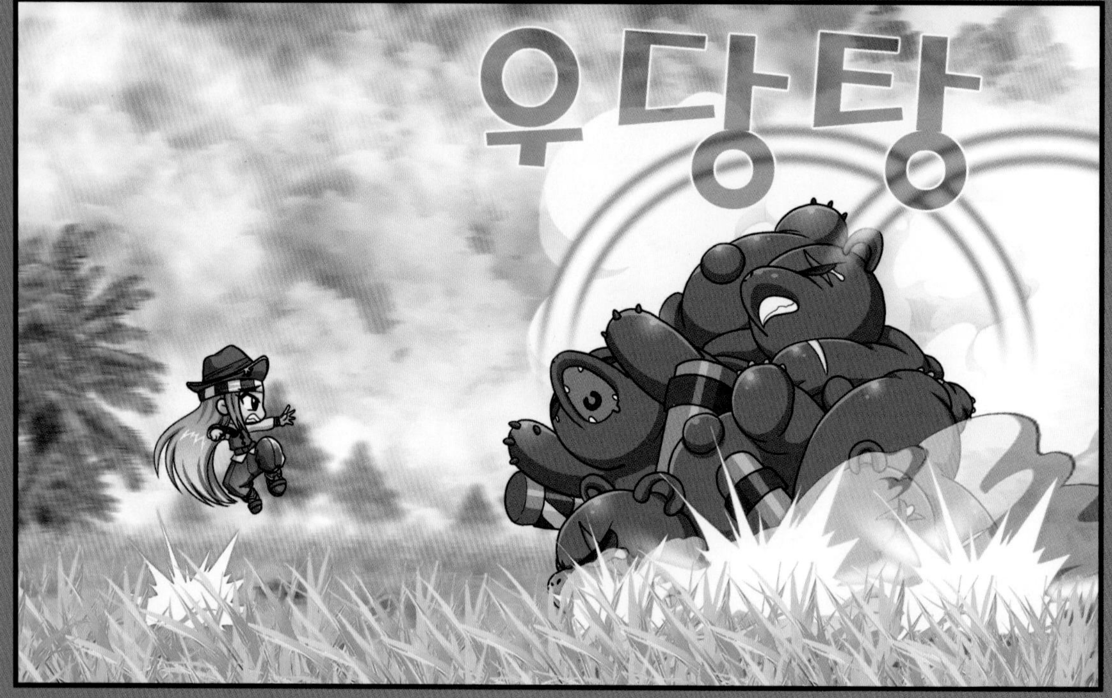
우당탕

왜?

버럭~
그렇게 몰려오면 안 되지!

펀펀 괄호퀴즈 3

정답 **사칙** (덧셈, 뺄셈, 곱셈, 나눗셈의 4가지 계산을 사칙 연산이라고 합니다.)

9화 몬스터와 싸우며 모으기를 배우다

주제어 모으기

너희
너무하는 거
아냐?
이러면
안 되는 건가?
가르기를
해야겠어.
모두 5마리니까
2마리와 3마리로
가르면 되겠군.
2마리
3마리

슬금
슬금
2마리는 이쪽으로…!
슬금
슬금
3마리는 저쪽… 빨리빨리 움직여!

이제야 싸울 맛이 나는군.
공격해도 돼?
덤벼~!
각오해라—!!
파아앗

탕
타앙~
탕
탕
타앙~
탕

꾸에엑
꾸에엑
이게
가르기 맞나?

맞아요.
그게 가르기예요.
아싸
맞혔다~
처억
나,
손 내려도 돼?

다시는 장난
안 치겠다고
약속하시면요.
장난친 적
없는데…?

계속 들고 있어욧!
콰직

모으기에 대해선
내가 좀 아는데….
말씀해
보세요.

나 역시 몬스터와
전투할 때였어.
뚜둑
뚜둑
알다시피 내 무기는
금강주먹이잖아.

한 방에
몬스터 5마리를
쓰러트릴 수 있는
주먹이지.
몬스터 녀석들,
덤벼라—!
두
둥

뭐, 뭐야,
이건…?
허억~

3
2

잠깐,
그렇게 달려오면
어떡해!
왜?
우당탕

카이린 아테나는
이렇게 갈라져서
달려오는 게
좋다고 하던데…?

그건 카이린이고,
나는 달라!
내가 주먹질을
두 번 해야 하잖아!
척

10화 덧셈을 배우다

주제어 더하기(+)/덧셈

모으기를
해야겠군.
흠

여기 가운데로
모여 봐.
이렇게?

좋았어.
이제 덤벼.
척

각오해랏—!

콰
콰
쾅
이게 모으기 맞나?
네, 맞아요.

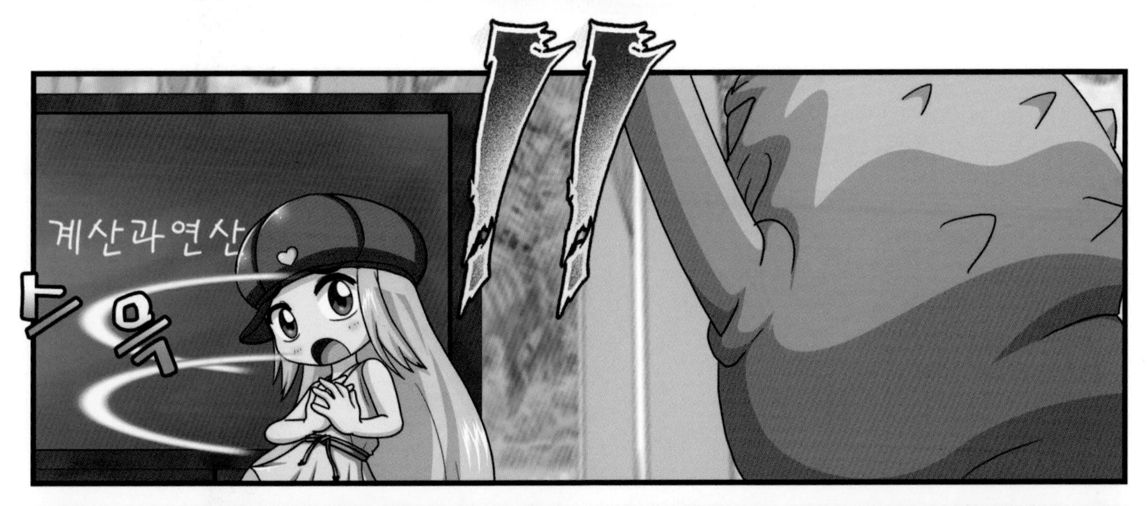
계산과연산
스윽

뭐죠?
도도 제우스 님이 자기 대신 손들고 서 있으라고….

찌릿
움찔
계산과연산

모으기와 가르기를 배웠으니까….
계산과
잉
이제 연산의 규칙에 대해 설명할게요.

아루루 아폴론 님?
응?

몬스터
3마리와 2마리를
한데 모았다고
하셨죠?
그랬지.

그걸 이렇게
표현할 수 있어요.
스윽

3 + 2 = 5
타닥
타닥

바우 아프로디테 님,
읽어 보세요.
척
3 + 2 = 5
깜짝

3 십자가
2 쌍작대기는
5….
우물쭈물

그, 그게 아니고요,
이렇게 읽는 거랍니다.
허거덩

3

더하기

2는

5와 같다.

+가
'더하기'야?
네.

=는
'같다'이고?
네.

이것이 연산의
첫 번째 규칙인
덧셈이랍니다.

아,
덧셈은 모으기하고
같은 것이구나.

11화 '='는 무슨 뜻일까?

주제어 등호(=)

'='는 뭐가
같다는 거야?
좋은
질문이에요.
3+2=5
휙
뜨끔
헉~
허억~

빠직

자, 다시
수업할게요.
덜덜
덜덜
덜덜

허거덩

'='는
양팔 저울이에요.
3+2=5

저울 한쪽에
사탕 3개를 얹었어요.
툭

다시 2개를
더 얹었어요.
툭

3+2=5
끼우뚱
사탕의 개수를
덧셈으로 표현해
보시겠어요?

3 + 2 !
맞아요.

이번엔 저울 반대쪽에
사탕 5개를 얹었어요.
타악

*저울대가 수평이
되었네요.
평~
평~

*저울대 : 저울의 눈금이 새겨져 있고, 추가 매달리는 막대기.

친절한 슈미쌤 **저울과 수평**

'수평'은 양팔 저울로 무게를 측정할 때, 양쪽의 무게가 같아 어느 한쪽으로 기울지 않는 상태를 말해요.

이걸 '+'와
'='로 표현해
보세요.
3 + 2 = 5

아주
잘하셨어요!
=를 등호라고 해요.
등호는 왼쪽의 값과 오른쪽의
값이 서로 같다는 것을
나타내죠.

그럼
이번에는…
탁
3+0
탁
탁

이 덧셈의 답은
무엇일까요?
3+0=

0은 '아무것도
없음'이니까….

3 + 0은 3에 아무것도
더하지 않은 거잖아.
답은 3이지.

맞았어요.

탁
탁
그럼
이번엔….

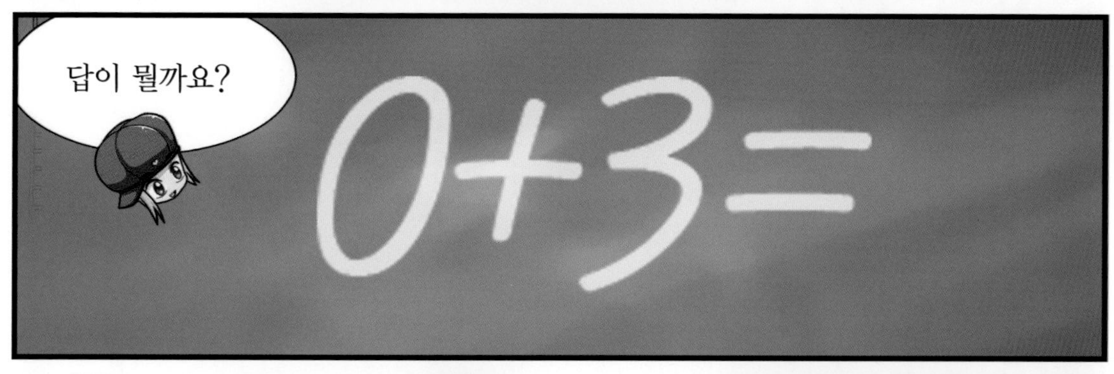
답이 뭘까요?
0+3=

아무것도
없는 것에 3을
더했으니까
답은 3이지.
주카, 내 방귀를
받아라!
끄에엑
뿌우웅~

펀펀 OX퀴즈 4 기호 '<'는 '~보다 작습니다.'로 읽지.
(정답은 74쪽에!!)

잘, 잘하셨어요.
0+3=
스멀~
으…
냄새~.
스멀~

음?
스멀~

둥
둥
둥

펀펀
OX퀴즈 4
정답 X (기호 '='는 '~와 같다. 같습니다.'로 읽습니다.)

12화

빨셈을 배우다

주제어 ▶ 빼기(-)/뺄셈

찌릿
찌릿
찌릿

킥

덜
덜
덜

우, 웃었다!!

손 내리고 앉으세요.
또 장난치면 용서하지
않을 거예요.
척
알았어.
휙
날 보고
웃어 주었어.

카이린 아테나 님,
아까 괴물 5마리를
2마리와 3마리로
갈라놓았다고 하셨죠?
응,
그랬어.
그중에
3마리부터 먼저
쓰러트리는 것을
상상해 볼까요?
크오오오오
탕
타앙~
탕
콰쾅

꾸에엑
그럼
몇 마리가 남죠?
그야
2마리가 남지.

그걸 이렇게
표현할 수 있답니다.
5-3=2
읽을 때는
'5빼기 3은 2와
같다'라고 읽어요.

5
빼기
3은
2와 같다.
5 - 3 = 2
처억
처억
척

펀펀
OX퀴즈 5

가르기의 같은 말은 덧셈이래.
(정답은 78쪽에!!)

이것이 연산의
두 번째 규칙인
뺄셈이랍니다.
아, 뺄셈은 가르기와
같은 것이구나.

이번에는
두 분이 함께
전투에 나섰다고
상상해 볼까요?
아루루 아폴론 님의
금강주먹은 한 방에
몬스터 5마리를
쓰러트려요.

카이린 아테나 님은
한 방에 몬스터 2마리를
쓰러트릴 수 있는
권총 한 자루를
들고 있어요.
만약 몬스터가
3마리와 4마리로
나누어 돌진한다면,
어떻게 해야 할까요?
후다닥!!

펀펀
OX퀴즈 5
정답 X
(가르기의 같은 말은 뺄셈입니다.)

멈춰!
?
척
슬금
슬금
여기 4마리는
2마리와 2마리로
갈라져.
우리는
저쪽이라고?
너희 2마리는
거기 그대로 있어.
2마리는
여기 3마리와
뭉쳐 봐.
지금 딱 좋아!!
파아앗

퍽
퍽
타앙~
탕
탕
콰앙
타앙~
잘하셨어요~~!
짝
짝
짝
3+4=3+(2+2)=(3+2)+2=5+2=7

13화

비교를 합시다

주제어
비교

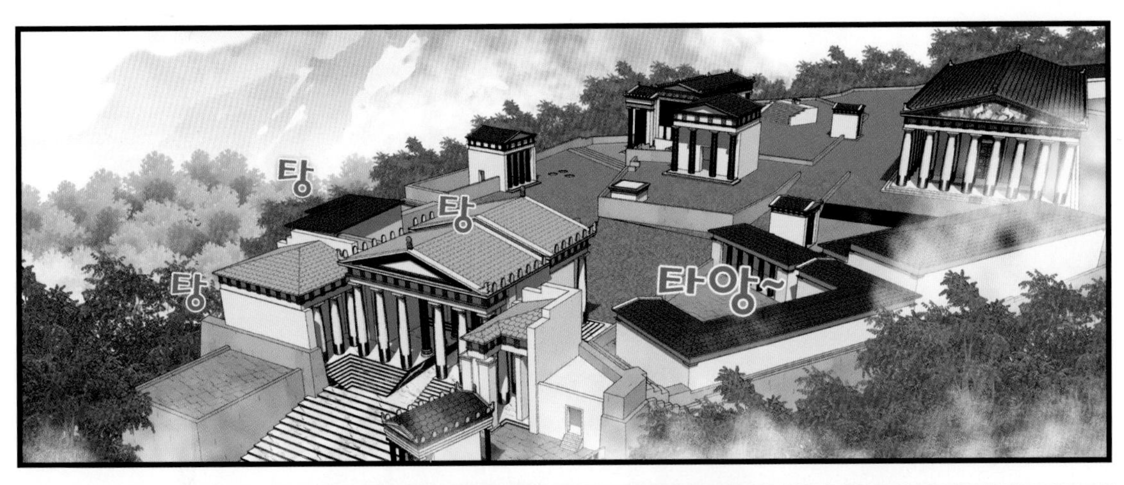
탕
탕
탕
타앙~

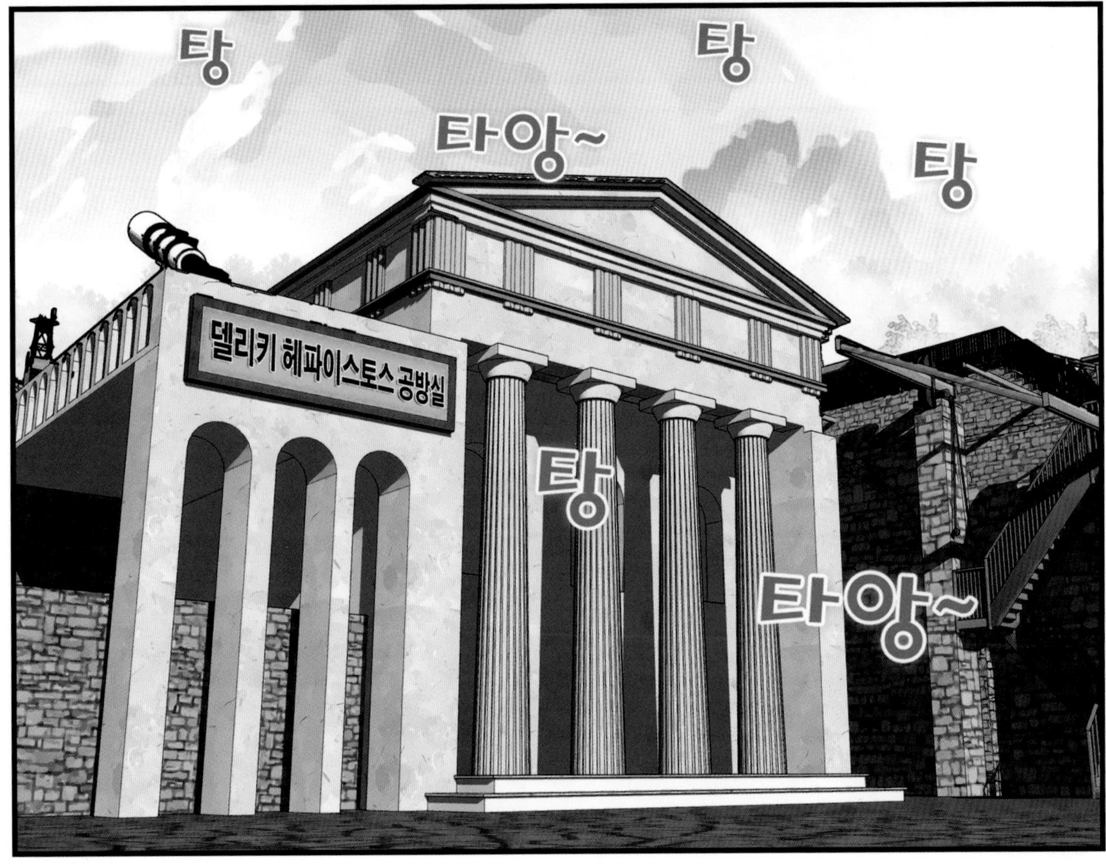
탕
탕
타앙~
탕
델리키 헤파이스토스 공방실
탕
타앙~

델리키 헤파이스토스는 손재주가 좋다.
무엇이든 뚝딱뚝딱 잘 만든다.
타앙~
탕
탕
타앙~
탕

델리키
헤파이스토스 님!
어?
슈미, 웬일이야?

떡볶이를 만들었거든요.
여러 신들에게 돌아다니며
나누어 드리는 중이에요.
맛있겠다~!

터억

모양이
여러 개네?
흠칫

도와줄 거야!
이건 명령이다!
도도
제우스 님이….

응?

와~, 여긴
신기한 것들이
많아요!
냠~
냠~
냠~

펀펀
괄호퀴즈 6

3 + 4 = (3 □ 2) + 2 □안에 들어갈 알맞은 기호는?
(정답은 84쪽에!!)

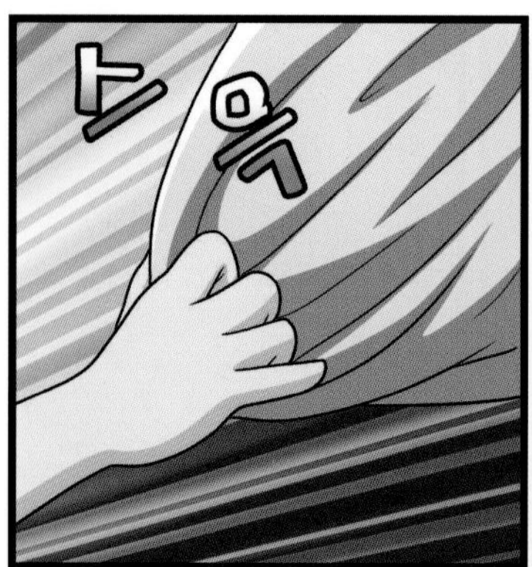
스윽

앗, 이건?

왜?

두
둥
짠~

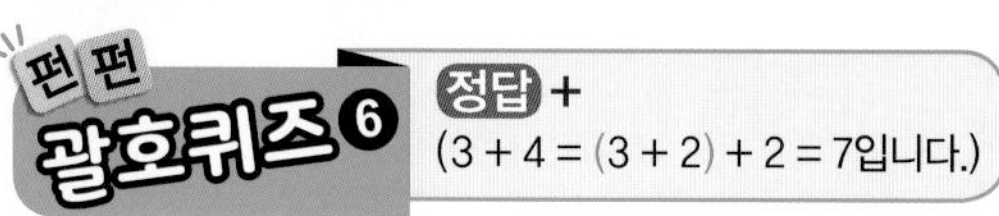
펀펀
괄호퀴즈 6
정답 +
(3 + 4 = (3 + 2) + 2 = 7입니다.)

바우 아프로디테
님이네요!

으응…
어때?
직접 만드신 거군요!
정말 똑같아요!

그치? 볼래?

꾹

꺼억~
뿌우웅~

냄새까지
똑같아!
스멀~
스멀~
바우랑 똑같아.
트림하고
방귀 뀌는 모습도
귀엽다니까…!

바우 아프로디테 님을 좋아하세요?
뜨끔
응….
화끈
화끈
혹시 좋아한다고 말하셨어요?

아니… 바우 앞에 가면 입이 얼어붙어 한마디도 안 나와.
스멀~
스멀~
델리키, 내 발 냄새 맡아 볼래?

그분 생각만 너무해서 그런 것 아닐까요?

이럴 때는 다른 여자 친구들도 사귀면서 비교해 보는 것이 좋을 것 같은데….
비교?

14화

바우는 오직 바우다!

주제어 ▶ 크기

비교란 둘 이상의 길이, 높이, 크기, 양 등을 서로 견주는 일이랍니다.
다른 여자 친구를 사귄 다음에 바우와 비교해 보란 말이지?

알았어. 당장 새로운 여자 친구를 만들어 볼게!
탕
탕
탕
타앙~

위잉
윙
쿵
델리키 헤파이스토스 공방실
쿵

새로운 여자 친구….
델리키 헤파이스토스 공방실
다 됐어요!

짜
잔

드디어 완성했다! 나의 새로운 여자 친구~!
와아~, 예뻐요.

너의 이름은 '판도라'야.

꾹

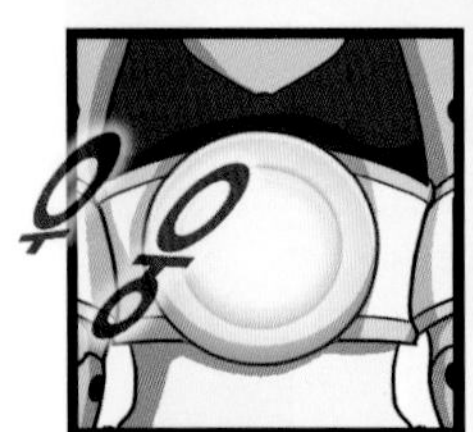

우웅

안녕, 델리키.

우리 친하게 지내자~.
반가워, 판도라. 내가 너를 만든 이유는….

말 안 해도 알아.
난 초능력이 있어서
네 머릿속을 꿰뚫어
보거든.
바우와 나를
비교해 보고
싶은 거지?

헐~, 족집게다!
쿠궁

얼마든지 비교해 봐.
난 자신 있어.
그런데
무엇을 어떻게
비교하는 건지
모르겠어.

바우와 내가 지니고 있는
*매력의 크기를
비교해 보아야겠지.

'크기'가 뭐야?

크기란 사물의
넓이, 부피, 양의
큰 정도를 말해.

*매력 : 사람의 마음을 사로잡아 끄는 힘.

그러니까
내가 바우보다
더 매력 있다,
또는 덜 매력 있다,
또는 똑같이 매력 있다…
이렇게 표현하는
거지.
아….

아무리 뜯어봐도
판도라 네가 바우보다
더 예쁘고 똑똑하고
매력 있어!
후후,
당연하지.

델리키 있남?
헉!
이 목소리는…!

바, 바우야…!
꺼억~

아무데서나
트림을…
아, 지저분해!

친절한 슈미쌤 **크기**

수학에서의 '크기'는 넓이, 부피, 양 등의 큰 정도를 말하며 같은 종류의 크기끼리 비교가 가능하답니다.

애는 누군감?
새로 사귄 친구,
판도라야.

처억
스멀~

반가워,
그런 의미에서
내 발 냄새를
선물할게~.
스멀~
스멀~
저리 치워!

어떻게 저런 애랑
나를 비교할 생각을 했지?
아, 불쾌해!
파약

네 말이 맞아.
너랑 바우를 나란히
세워 놓으니까
알겠어.

퍼엉
바우의 매력은
크기를 알 수 없어!
따라서 비교할 수도 없어!
뭐라고!!

바우야, 넌
오직 바우일 뿐이야!
넌 완벽해!

아,
자존심 상해!
부들
부들

뭔 말인지 몰라도
대충 칭찬 같긴 한데….

방귀로 감사 인사를
대신하마.
아, 방귀도
너무 귀엽게 뀌어!
꾸에엑, 냄새!
뿌우웅~

15화 신들의 기준

주제어 기준

도도 제우스와 아루루 아폴론은 경쟁 관계다. 늘 서로 비교하며 싸운다.

비교해 보나 마나 뭐든지 내가 앞선단 말씀~! 눈 크기만 비교해도 내가 훨씬 더 크잖아?

이게 내 약점을….
싸움 실력은 내가 더 뛰어나거든!

흥, 웃기지 마!

어디
붙어 볼까?
좋아!

슈
우
우
우

허거덩

무기를 들고
싸우는 건 싫어.
맨손으로 싸우자.

슈
우
우
우
그러지 뭐.

크큭!

엥?

뭐야!
금강주먹?!
맨손 싸움은 싫어.
무기 들고 싸우자.
우우우웅

무기는
내가 싫어!
맨손은
내가 싫어!

잠깐만요.
척
억
앗,
슈미다~.

비교를 할 땐
같은 종류의 크기를
비교해야만 해요.
같은…?

당연히
비교를 위한 기준도
같아야 하고요.

기준이란
나란히 서는 것을 뜻해요.
누구도 더 유리하거나
불리하지 않게 말이죠.
기준…?

달리기 시합 때
출발선에 나란히
서는 것처럼?
그렇죠.

맨손으로 싸우면
아루루 아폴론 님에게
유리하니까….
무기를 들고 싸우면
도도 제우스 님에게
유리하고…

기준이 다른
두 분은 서로
비교할 수 없어요.
그럼
어쩌지?

척

척

달리기로 실력을
비교해 보자고요.

저기 깃발까지
먼저 가시는 분이
이기는 거예요.
스윽

휙
출발!

후다닥!!

펀펀
OX퀴즈 7

크기는 사물의 넓이, 부피, 양의 큰 정도를 말해.
(정답은 98쪽에!!)

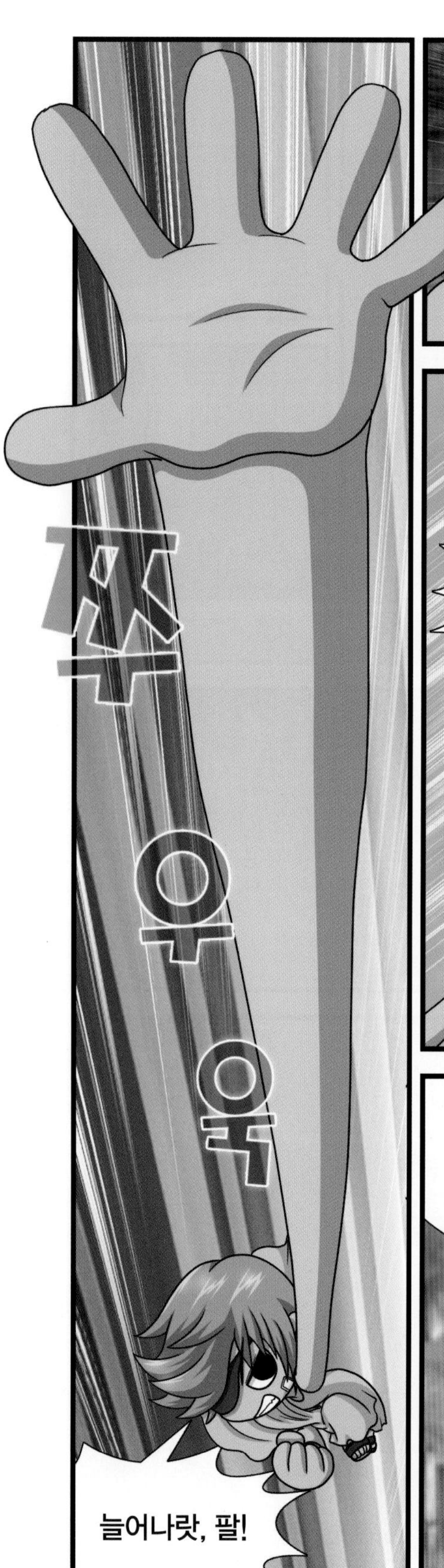
쭈우욱
늘어나랏, 팔!

처억

타 타 탁
줄어들어라~~!
너!
반칙이야!
쭈우욱

신들의 능력은
비교하기가
참 힘드네.
헐

펀펀
OX퀴즈 7

정답 O (크기는 사물의 넓이, 부피, 양의 큰 정도이며 크기를 비교할 수 있습니다.)

16화

가장 가까운 별

주제어 거리

델리키 헤

아름답다~~!

바우야,
우리 집에
놀러올래?

뭐 하고
놀 건데?
음… 치킨
먹으면서…?

어디?
치킨 어딨어?
헉!
벌써 왔어?

너는 애가 왜
그렇게 준비성이
없니?
지, 지금
시키려고….

이미 와
있었어야지.
치킨
금방 온대.

치킨 기다리는 동안
*천체 망원경으로
별 보지 않을래?
천제 망원경?

우와~!
척

아름답지?

*천체 망원경 : 우주를 관찰하고 측정할 때 사용하는 망원경.

응,
별 사탕 같아.

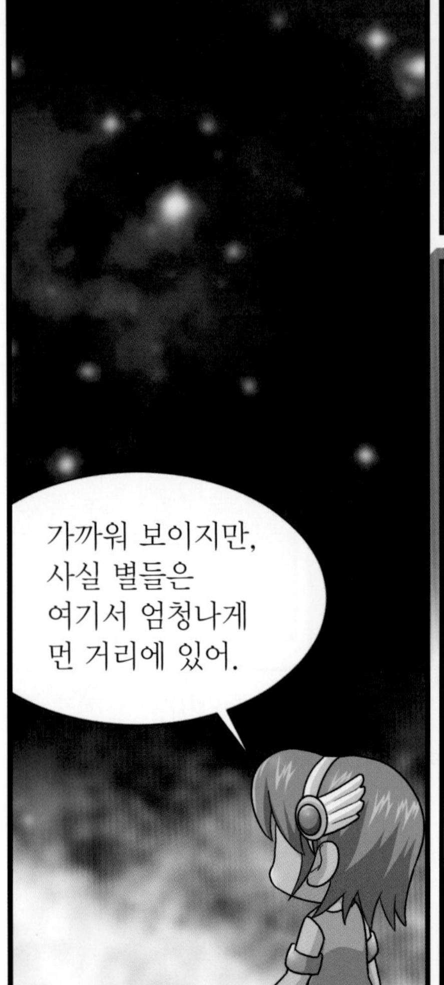
가까워 보이지만,
사실 별들은
여기서 엄청나게
먼 거리에 있어.

거리?
슈미가
말한….

거리란 두 물체
사이가 떨어져 있는
정도예요.
거리
멀다
가깝다
거리를
비교할 때는 '멀다',
'가깝다'라고 해요.

친절한 슈미쌤 거리

수학에서 '거리'는 두 점 사이의 거리, 한 점과 직선 사이의 거리, 평행선 사이의 거리, 평행인 두 면 사이의 거리 등이 있어요.

여기서 가장 가까운
거리에 있는 별이 뭔지
궁금하지 않아?

나는 여기서 치킨이
어느 정도 거리에 있는지
그게 더 궁금해.

아….

델리키 헤파이스토스 공방실

펀펀 OX퀴즈 8

두 개의 사물을 비교할 때에는 기준을 똑같이 맞춰야 해.

(정답은 104쪽에!!)

치킨아,
빨리 와라~!

찾았다.
가장 가까운
거리의 별!

바우 눈 속에
있었어.
반짝
반짝

펀펀
OX퀴즈 8

정답 O (두 개의 사물을 비교할 때는 달리기 시합의 출발점과 같이 기준이 같아야 합니다.)

17화 내 것이 더 길어!

주제어 길이

길이란 어느 물건의 한쪽 끝에서 다른 쪽 끝까지의 거리입니다. 길이를 비교할 때는 '길다', '짧다'라고 해요.
길이
길다
짧다

못 보던 창이네. 네 활은…?
활은 방에 있어.
창은 델리키가 생일 선물로 만들어 준 거야.

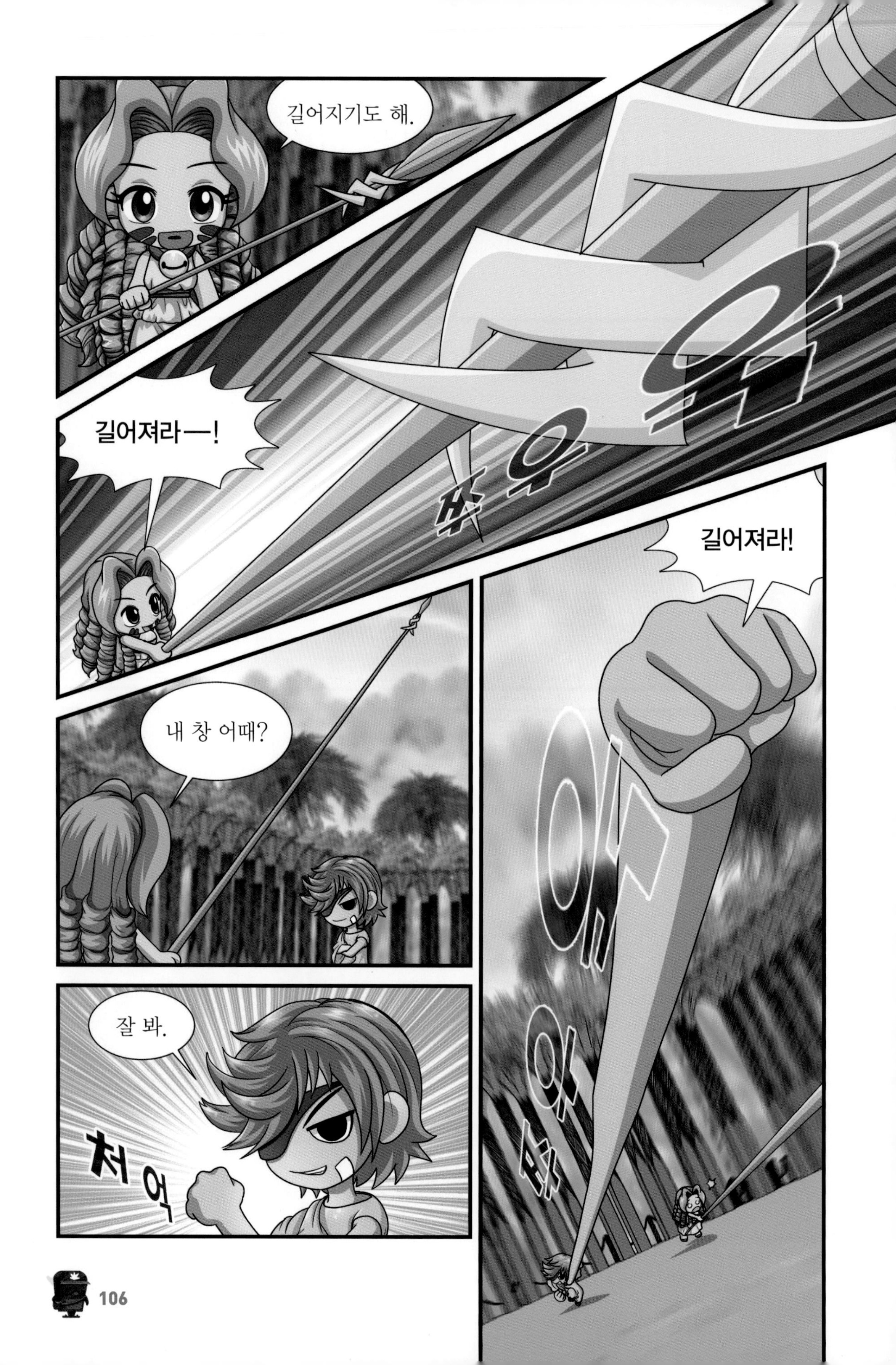

길어지기도 해.
길어져라—!
쭈우욱
길어져라!
내 창 어때?
잘 봐.
처억

파 앗
파 앗

슈우
슈우우우우

하하하—!
윽,
약 올라 !

아루루,
두고 봐!
후다닥!!

델리키!
델리키 헤파이스토스 공방실

그것 좀
빌려줘!

응?

다음 날.

다시 비교하자.
네 팔이 긴지,
내 창이 긴지…!
하하하—!
소용없을 텐데….

길어져라!
쭈우욱
흣.

길어져라!
처억

쭈우욱
캉

으아아악

으아악-
내 손!
흣.
큭큭큭
후다닥!!

처억

스윽

두둥

우체통에
투명 망토를
씌웠지롱~!

18화

주카는 나무보다 높을까?

주제어 ▶ 높이

우와아~

쿠오오오
나무 좀 봐!
엄청 길다.

이럴 때는
'길다'라고 하면
안 돼요.
그럼, 뭐야?
'높다'라고
하는 거예요.
척

높이는
아래에서 위까지의
수직 거리예요.
높이

이 줄의
길이를 '높이'라고
불러요.
높이

높이를
비교할 때는
'높다', '낮다'라고
해요.

친절한 슈미쌤

길이와 높이

'길이'와 '높이'는 한쪽 끝에서 다른 쪽 끝까지의 거리라는 점은 비슷해요.
정확하게 구분한다면 '높이'는 아래에서 위까지의 거리를 수직으로 잰 거예요.

아,
나무 높다~!

내가 더 높아!!

팍
팍
파아악

위험해요!
내려오세요!
싫어, 꼭대기까지
올라갈 거야.
내가 나무보다
더 높다는 걸
보여 줄게.

잠깐만요!
기준을 맞춰야죠!!

엥? 왜?

비교할 때는
기준을 맞춰야
하잖아요.

편편 OX퀴즈 9 거리를 비교할 때에는 '크다', '작다'라고 하지.
(정답은 116쪽에!!)

아래쪽 끝을
기준으로 하고…

위쪽 끝을 비교해야
높이를 비교할 수
있어요.

그렇다면
나도 나무보다
높겠지?
신들이란….
쭈우욱
우와아!
아루루,
잘한다~!

펀펀 OX퀴즈 9
정답 X (거리를 비교할 때는
'멀다', '가깝다'라고 합니다.)

19화

슈미는 키가 작다

주제어 키

나물을 캐서
반찬을 만들어야지.

슬금
슬금

무슨 일이시죠?
획

너
도와주려고….
도움은
필요 없다고
했는데요.

도무룩~

나랑
친해지는 게
싫어?
저는 인간이에요.
신과 인간은
친구가 될 수 없다고
생각해요.

알았어.
푹

다시는
귀찮게 하지
않을게….
휙

어?
스윽

두
둥

안녕?

아, 안녕?

나는 '시그너스 페르세포네'야
나는 도도 제우스야.

네가 그 유명한 도도구나? 반가워.

히힛.

스윽
나와 함께 수선화 보러 가지 않을래?

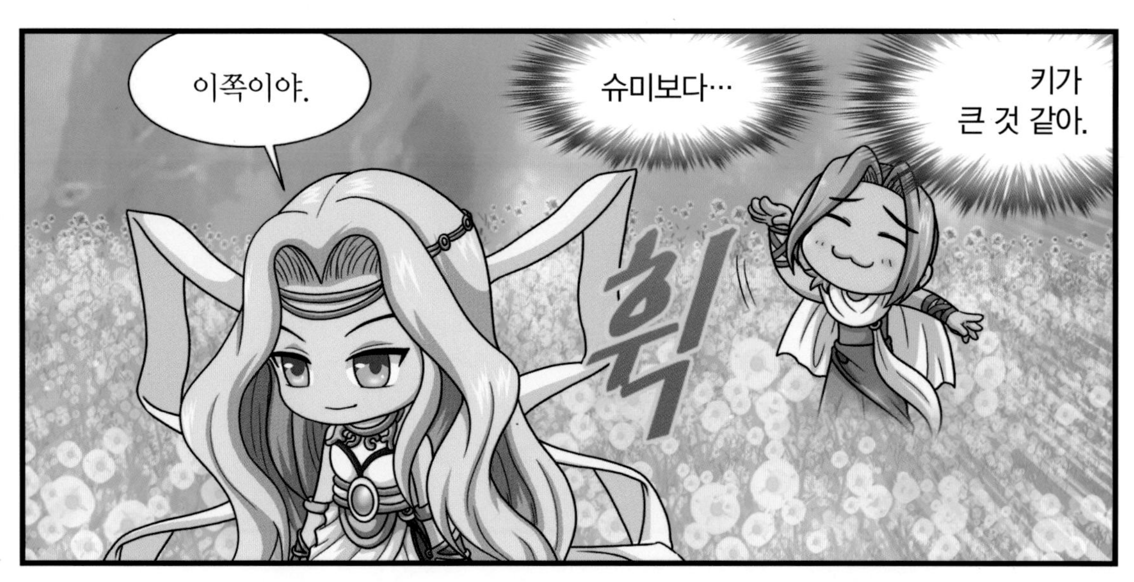
이쪽이야.
슈미보다…
키가 큰 것 같아.
휙

키는 사람이나 동물이 똑바로 섰을 때 발바닥에서 머리끝까지의 몸길이입니다.
키를 비교할 때는 '크다', '작다'라고 해요.

나도 가야지.
후다닥!!

덜컹

엇? 몸이 움직이질 않아.

펀펀 괄호퀴즈 10

어느 물건의 한쪽 끝에서 다른 쪽 끝까지의 거리를 (   )이(가)라고 한다!
(정답은 122쪽에!!)

쭈욱

저기, 내 옷자락을 왜…?
헉~ 허억~

시그너스는 가고 없네….

어머? 나물인 줄 알았어요. 미안해요.

참으로 알 수 없는 슈미의 마음….
뭐지…?

편편 괄호퀴즈 10

정답 길이 (어느 물건의 한쪽 끝에서 다른 쪽 끝까지의 거리를 길이라고 합니다.)

20화

바우의 몸무게는?

주제어 무게

무게란
물건의 무거운
정도입니다.
무게란?
무게를
비교할 때는 '무겁다',
'가볍다'라고 해요.

쩝쩝,
나는 하루에 한 끼만
먹는데…
와아~, 너희는
하루에 세 끼나 먹는 거야?
대단하다.
우걱
우걱
바우 아프로디테는
하루에 한 끼만 먹는다.

단, 식사 시간이 길다.
아침부터 밤까지다.
냠~
냠~
냠~
저렇게 많이 먹는데도 바우는 살이 안 쪄.

바우는 꼼짝 안 하고 먹기만 해.
바우가 운동하는 것 못 봤어.
운동을 많이 하나?

바우는 나랑 키도, 몸무게도 같을 것 같은데…?

주카 아르테미스 님, 무게는 겉으로 보아선 몰라요.

척

이 공하고…
저 돌하고…

겉으로 봐선
비슷한 크기예요.
그럼, 무게는
어떨까요?

당연히 공보다
돌이 무겁지.
끙

맞아요. 무게는
재어 보면 정확히
알 수 있어요.

펀펀
OX퀴즈 11

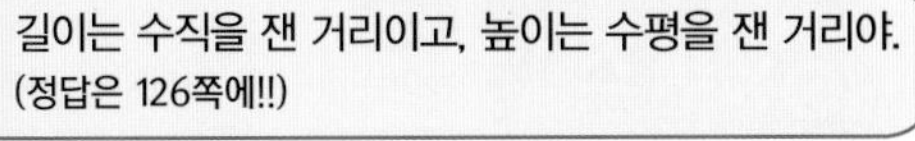
길이는 수직을 잰 거리이고, 높이는 수평을 잰 거리야.
(정답은 126쪽에!!)

그래서
재어 보기로 했다.

끼
우
뚱

펀 펀
OX퀴즈 11

정답 X (길이는 한 끝에서 다른 끝까지의 거리이며 높이는 아래와 위까지의 거리를 잰 것입니다.)

또악
바우가 더 가볍네?
주카가 더 무거워!
어찌된 일이지?

내가 알아. 바우는 힘들게 운동을 해서…
음식을 소화시키기 때문에 살이 안 찌는 거야.
슉
슉
슉

바우가 운동을 했어?
바우는 낮에 운동 안 해.

친절한 슈미쌤 **더, 가장**

수학에서 '더'는 두 가지를 놓고 비교할 때 사용하며,
'가장'은 세 가지 이상을 비교할 때 사용해요.

너희들이 잘 때
혼자 우주를
날아다니는 거지.
고
오
오
오

안 믿기면
바우의 눈을 봐.
눈 속에
별이 많잖아.
헐
다른 건 몰라도
델리키 헤파이스토스가
사랑에 빠진 건 확실하다.

21화

슈미의 집

주제어 넓이

넓이는 도형이나 장소가 차지하는 면의 크기입니다.
넓이
넓이를 비교할 때는 '넓다', '좁다'라고 해요.

도도 제우스를 비롯한 신들은 올림포스 궁전에서 각자 넓은 방을 하나씩 차지하고 산다.

여긴 도도 제우스의
방에 딸린 화장실이다.
방은 이것보다 훨씬 넓다.
화장실을
넓히든지 해야지…
답답해서 똥이
안 나오네.

슈미야,
너는 어떤 집에서
살아?
탁
탁
탁
탁
탁

아주 좁은
집이에요.
내 방 화장실
넓이 정도 되나?
탁
탁
탁
탁

너희 집에
놀러 가면
안 돼?
뭐…
안 된다고
하겠지.

이번 주말에
집에 갈 건데,
함께 가실래요?
저, 정말이야?

허억~

펀펀
OX퀴즈 12

키는 사람이 똑바로 섰을 때 발바닥에서 머리끝까지의 몸길이야.
(정답은 132쪽에!!)

궁전보다
많이 좁지요?
조, 조금
좁긴하네….
좁을 거라고
생각했지만
이 정도일 줄….

화, 화장실
좀….
화장실

덜컹

펀펀
OX퀴즈 12

정답 O (키는 사람이나 동물이 똑바로 섰을 때 발바닥에서 머리끝까지의 몸길이입니다.)

놀라셨죠?
아, 아니야.

이래서 신과 인간은 친구가 될 수 없어요.

푹

될 수 있어!
척

아니!

펀펀 괄호퀴즈 13

무게를 비교할 때는 '무겁다', (　　)(이)라고 한다!
(정답은 134쪽에!!)

도도 제우스의 집

이게 뭐야?

앞으로 여기가 내 집이다. 내일 초대할 거니까 선물 사와.
도도 제우스의 집

편편 괄호퀴즈 13

정답 가볍다 (무게를 비교할 때는 '무겁다', '가볍다'라고 합니다.)

22화

바다는 깊다

주제어 ▶ 깊이

깊이는 겉에서 속까지의 거리를 말해요.
깊이를 비교할 때는 '깊다', '얕다'라고 해요.
깊이

처음 바다에 와 본 카이린 아테나.
우와

대단하다,
바다!
쏴아아~
쏴아

바다는
얼마나 깊을까?
올림포스 궁전의
수영장보다
더 깊을까?

기가 막혀
말이 안 나오네.
촤악
누,
누구…?

콰
쿵

넌 누구야?

나는
'데몬슬레이어
포세이돈'이다.

바다가
얼마나 깊은지
경험하게 해 주마!
촤악

처억
휘릭

풍덩

꼬로록
꼬로록

쏴아

꾸에엑!

너!
이리 와 봐.
무서워서
땅으로 못 나오지?
나를 뭘로
보고…!

간다! 기다려!
첨벙
첨벙

딱 걸렸어!

빠
악
타앙~
쌍

이걸로
비긴 거다.
으앙
쌍코피난다

23화 데몬슬레이어의 작은 물병

주제어 들이

들이는 주전자나 물병의 안쪽 공간 크기를 말해요. 들이를 비교할 때는 '많다', '적다' 또는 '크다', '작다'라고 해요.

여기 두 개의 물병이 있어요.

둘 중 어느 물병의 들이가 더 클까요?

음… 널찍한 병!
나는 길쭉한 병!

들이
그럼
재어 보겠어요.

짠~
길쭉한 물병의
들이가 더 크네요.

내 물병의 들이가
세상에서 가장 커.
누구야?

두둥

얘 이름은
데몬슬레이어 포세이돈이야.
별명은 '쌍코피'!

그 물병은
작잖아.
겉보기는
그렇지.

으윽….
버럭~

하지만
마법의 물병이라
이 세상 바닷물의 절반을
담을 수 있지.
슉

펴엉

콰
콰
콰
콰

병에
다시 담아!
그만해!

그러지 뭐.
슉
촤악

슉
슉

척

타악

벌컥
벌컥
너, 뭐야?
휙
꺼어억~

울먹
내 바닷물을
다 마셨어?
울먹

바닷물
돌려줘~~.
우아앙~
우아앙~
알았으니까
물병 줘.
세상 바닷물의
절반을 마시고도 끄떡없는
바우 아프로디테.
그녀의 뱃속엔 우주가?!

24화

세상에서 가장 부피가 큰 것은?

주제어 부피

부피는 어떤 물건이 차지하고 있는 공간의 크기랍니다.
부피
부피를 비교할 때는 '크다', '작다'라고 해요.

세상에서 가장 부피가 큰 생물은 뭘까?
쏴아아아~
쏴아

그 생물은 우리 바다에 있다.

친절한 슈미쌤

부피와 들이

물을 가득 담은 병이 두 개가 있을 때, 병의 크기가 서로 같다면 두 개의 부피는 같아요. 하지만 병 두께가 달라 실제 담긴 물의 양이 다르면 두 개의 들이는 달라요.

바로
피아누스다!
드
둥

우와, 엄청나다!!

그 정도
가지고 뭘….

피아누스보다
더 큰 게 있다고?

물론이지!

미르!!

우와아~

펀펀
OX퀴즈 14

비교하는 병의 크기는 똑같은데 두께가 다르다면 들이는 항상 달라.
(정답은 150쪽에!!)

쿠오오오
와아~,
드래곤이다!

천만에,
세상에서 가장 부피가
큰 생물은 나야.
헉~

펀펀
OX퀴즈 14

정답 O (병 크기가 같아도 두께가 달라 병 속에 채워진 물의 양이 다르면 들이는 다릅니다.)

바로 나,
땅의 여신 가이아.
둥

별로 커 보이지
않는데요?

땅과 한 몸인
나의 부피는
땅의 부피이지.

땅은
살아 있는 생물이
아니잖아요.

그럼 땅이 죽었단 말이야?

땅은 살아 있어.
파얏

씨앗을 심으면…
푹

예쁜 싹이 돋아나지.
스윽

맞아, 땅은 살아 있어.
이 세상의 생물 중에 가장 부피가 큰 것은 땅이야.
쑥

25화

김밥을 말자!

주제어 ▶ 굵기

긴 물체의
둘레의 크기를
굵기라고 해요.
굵기를 비교할 때는
'굵다','가늘다'라고
하지요.
굵기

와아아아아앙
경축
제1회 올림포스
김밥 굵게 말기 대회

우승팀은
순대를 일 년 동안
공짜로 먹을 수
있습니다!
무료순대 쿠폰
1년
와아아아
첫 번째 팀,
입장하세요!
와아아
와
아
아
아
아
대단하네요.

그럼, 다음 팀
나오세요!
와아아아
두둥

아
우승팀을 가리기
힘들겠는데요?
와아

펀펀
OX퀴즈 15

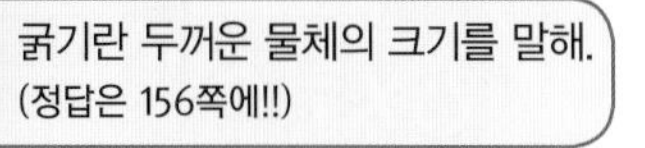
굵기란 두꺼운 물체의 크기를 말해.
(정답은 156쪽에!!)

바우
아프로디테 님이
안 보이네요?
혼자 김밥을
말겠다고 했어.

혼자 힘으로는
어려울 것 같은데요….

꺼억~

바우
아프로디테 님!
김밥
다 말았어.

펀펀
OX퀴즈 15
정답 X (굵기란 긴 물체의
둘레의 크기를 말합니다.)

어디 있는데요?
따라와.
휘익

바우 아프로디테의 안내를 받아 들어간 곳은…

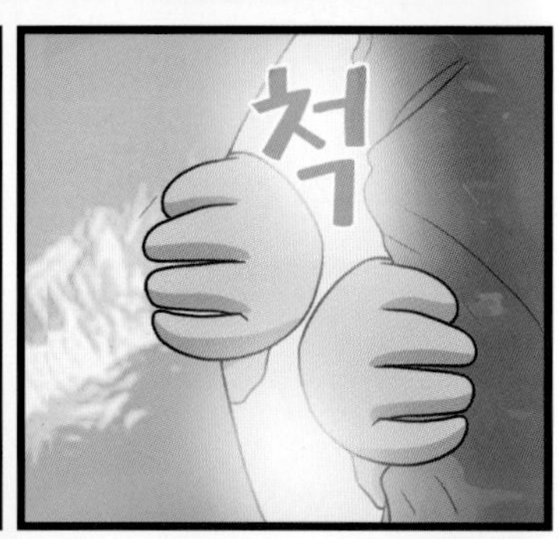
척

여기가 어디에요?
시큼한 냄새가 나.
꾹

내 김밥
속이야.

또악

바우의 김밥은 너무 커서
그릴 수가 없었다!
어쨌든 우승의 영광은
바우의 우주 김밥에게~.
와와와와
김밥 굵게 말기
우 승
짝
짝
짝
짝
짝

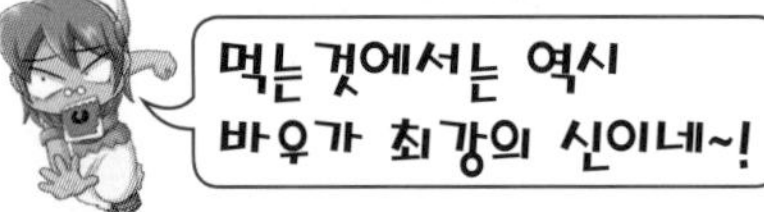
먹는것에서는 역시
바우가 최강의 신이네~!

수학도둑 수학 용어 사전 ❷권을 기대 주세요!

내가 만드는 수학 용어 카드 1-1

수학 용어 카드

0
(영)

수학 용어 카드

−
(뺄셈 기호)

수학 용어 카드

+
(덧셈 기호)

수학 용어 카드

=
(등호)

수학 용어 카드

가르기

수학 용어 카드

거리

수학 용어 카드

굵기

수학 용어 카드

기수

수학 용어 카드

기준

수학 용어 카드

길이

수학 용어 카드

깊이

수학 용어 카드

넓이

수학 용어 카드

높이

수학 용어 카드

덧셈

가위로 용어 카드를 오린 후 카드를 모으세요.

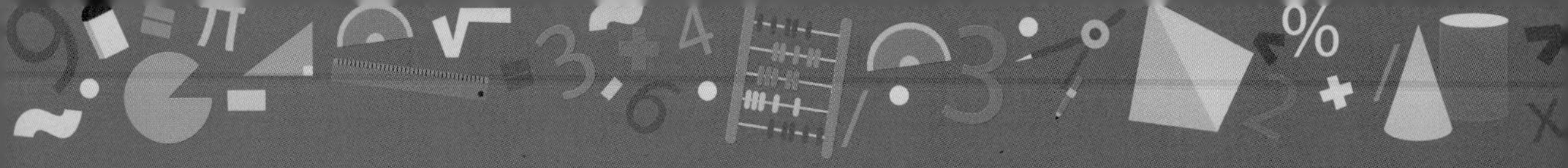

− | minus

수학에서 뺄셈을 할 때 사용하는 기호이다.

= | equal, 等號(무리 등, 이름 호)

두 식 또는 두 수가 같음을 나타내는 기호이다. 등호라고도 한다.

거리 | distance, 距離(막을 거, 떠날 리)

두 개의 물건이나 장소가 공간적으로 떨어져 있을 때, 그 두 점 사이를 잇는 선분의 길이로, 거리를 비교할 때에는 멀다, 가깝다로 나타낸다.

기수 | cardinal number, 基數(터 기, 셈 수)

수를 나타내는 데 기초가 되는 수로, 어떠한 묶음(집합)을 이루는 낱낱의 수를 말한다. 순서를 생각하지 않고 그 묶음의 개수나 양을 세거나 잴 때 쓰인다.

길이 | length

어떤 물건의 한 끝에서 다른 끝까지의 거리를 말하며, 길이를 비교할 때에는 길다, 짧다로 나타낸다.

넓이 | area

일정한 평면에 걸쳐 있는 공간이나 범위의 크기를 나타내는 양을 말하며, 넓이를 비교할 때에는 넓다, 좁다로 나타낸다.

덧셈 | addition

몇 개의 수나 식 따위를 합하여 계산하는 것으로 기호 '+'를 사용하여 나타낸다.

영 | zero

0은 '아무것도 없음', '시작점', '기준점'을 나타내기 위해 사용한다. 큰 수를 나타낼 때 숫자 뒤에 0을 붙이면 10, 100, 1000 …으로 얼마든지 큰 수도 표기할 수 있다.

+ | plus

수학에서 덧셈을 할 때 사용하는 기호이다.

가르기

어떤 수를 둘 이상의 수로 나누는 것으로 하나의 수가 어떤 수들의 합으로 이루어지는지 보여 주는 것이다.
(예) 3은 1과 2로 가를 수 있고, 5는 2와 3으로 가를 수 있다.

굵기 | thickness

사물의 둘레, 너비, 부피 따위의 큰 정도를 말하며, 굵기를 비교할 때에는 굵다, 가늘다로 나타낸다.

기준 | standard, 基準(터 기, 준할 준)

어떤 것을 계산하거나 잴 때 가장 밑바탕이 되는 것으로, 서로 다른 물건의 길이를 비교할 때 한 쪽 끝을 맞춰 나란히 놓는 것을 말한다.

깊이 | depth

위에서 밑바닥까지, 또는 겉에서 속까지의 거리를 말하며, 깊이를 비교할 때에는 깊다, 얕다로 나타낸다.

높이 | height

사물이나 도형의 높고 낮은 정도로, 삼각형에서는 삼각형의 꼭짓점에서 밑변에 그은 수선의 길이를, 사각형에서는 서로 평행인 변 사이의 거리를 말한다.

내가 만드는 수학 용어 카드 1-2

수학 용어 카드
들이

수학 용어 카드
모양

수학 용어 카드
모으기

수학 용어 카드
무게

수학 용어 카드
부피

수학 용어 카드
비교

수학 용어 카드
뺄셈

수학 용어 카드
서수

수학 용어 카드
순서 수

수학 용어 카드
연산

수학 용어 카드
집합 수

수학 용어 카드
크기

수학 용어 카드
키

가위로 용어 카드를 오린 후 카드를 모으세요.

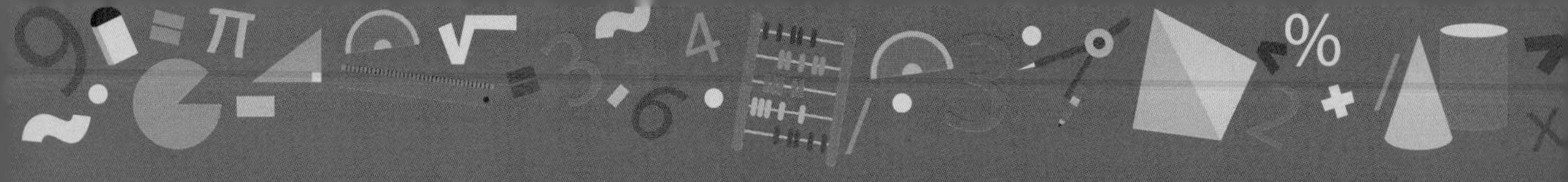

모양 | shape, 模樣(본뜰 모, 모양 양)

수학에서는 도형과 같은 말로 상자 모양, 둥근 기둥 모양, 공 모양과 같은 입체 도형과 네모, 세모, 동그라미와 같은 평면 도형을 말한다.

무게 | weight

어떤 물체의 무거운 정도를 말하며, 무게를 비교할 때에는 무겁다, 가볍다로 나타낸다.

비교 | comparison, 比較(견줄 비, 견줄 교)

둘 이상의 길이, 높이, 크기, 양 등을 서로 견주는 것이다.

서수 | ordinal number, 序數(차례 서, 셈 수)

첫째, 둘째, 셋째처럼 사물의 순서나 차례를 매길 때 사용하는 수를 말한다.

연산 | arithmetic operation, 演算(펼 연, 셈 산)

정해진 규칙에 따라 식의 값을 구하는 것으로, 대표적인 연산 기호로는 덧셈 기호(+), 뺄셈 기호(−), 곱셈 기호(×), 나눗셈 기호(÷)가 있다.

크기 | size, dimension

어떤 물체의 넓이, 부피, 양 따위의 큰 정도를 말하며, 그 수의 크기를 비교할 때에는 크다, 작다로 나타낸다.

들이 | capacity

통이나 그릇 안쪽의 공간의 크기로, 무언가를 최대한 담을 수 있는 양을 말하며, 들이를 비교할 때에는 많다, 적다, 크다, 작다로 나타낸다.

모으기

둘 이상의 수를 합쳐 한 수로 만드는 것으로 어떤 수들이 모여 또 하나의 수를 만드는 것이다.
(예) 1과 2를 모으면 3이 되고, 2와 3을 모으면 5가 된다.

부피 | volume

넓이와 높이를 가진 입체 도형이 공간에서 차지하는 크기를 말하며, 부피를 비교할 때에는 크다, 작다로 나타낸다.

뺄셈 | subtraction

몇 개의 수나 식의 어느 한 쪽에서 다른 한 쪽을 덜어 내는 계산으로, 기호 '−'를 사용하여 나타낸다.

순서 수 | ordinal number, 順序 數(순할 순, 차례 서, 셈 수)

'서수'와 같은 말로, 순서를 나타내는 수이다.

집합 수 | cardinal number, 集合 數(모을 집, 합할 합, 셈 수)

'기수'와 같은 말로, 묶음에 대한 크기를 나타내는 수이다.

키 | height

사람이나 동물이 똑바로 섰을 때 발바닥에서 머리 끝에 이르는 몸의 길이를 말하며, 키를 비교할 때에는 크다, 작다로 나타낸다.

또 하나의 신작!
2019년 10월 대출간!!
만화
Crazy Arcade
과학 용어 사전
크레이지아케이드
BnB M
과학 학습만화 탄생!
과묵한 브루스
까칠한 마리드
똑똑한 우니
먹보 캐피
타고난 리더 다오
수줍음 많은 디지니
소심한 댕키
과학은 이제 나한테 맡겨!!
무념무상 다혈질 배찌

푸드트럭 타고 떠나는 세계사 대탐험!

고대 그리스로
온 걸
환영해!
NEW!
쿠키런
COOKIERUN
세계사 3
고대
그리스
서울문화사

쿠키런 세계사
1~3권 발매 중!

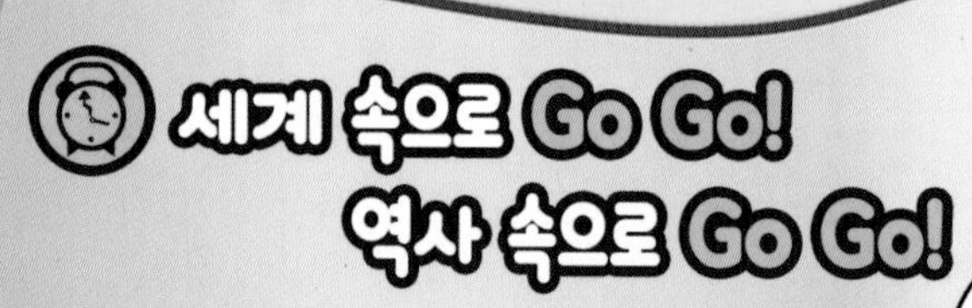
세계 속으로 Go Go!
역사 속으로 Go Go!

1 선사 시대
2 세계 4대 문명
3 고대 그리스
4 로마 제국과 크리스트교(예정)

시대별, 인물별로
차근차근
제대로 익히자!

3단계 역사학습 시스템

1
만화
역사
개념을
하나로 잇는
삼각형 통합
역사 학습 시스템!
2
퀴즈
3
콘텐츠

〈수학도둑 수학용어사전 ①권〉 애독자 엽서

보내는 사람

이름 (남 , 여)

주소

휴대폰번호

학교(유치원) 학년 반

★ 주소와 전화번호를 정확히 적어 주세요.★

우편요금
수취인후납부담

발송 유효 기간
2019. 10. 1~2021. 9. 30
서울용산 우체국
제 40098호

우표는 붙이지 말고 우체통에 쏙 넣으세요!!

서울문화사 아동기획팀 귀중

서울특별시 용산구 새창로 221-19(한강로2가)
서울문화사 2층 아동기획본부
전화[편집]02)799-9171 [영업]02)791-0754
팩스[편집]02)799-9144 [영업]02)749-4079

0 4 3 7 6

〈수학도둑 수학용어사전 ①권〉을 구입해 주셔서 감사합니다.
보내 주신 엽서는 더욱 재미있는 책을 만드는 데 소중히 이용됩니다.

1 이 책을 구입하게 된 동기는 무엇인가요?

① 수학도둑을 좋아해서 ② 서점(온·오프라인)에서 보고
③ 카플친 광고를 보고 ④ 주변에서 재미있다고 해서
⑤ 수학 공부를 위해 ⑥ 이벤트 선물을 받기 위해

2 이 책을 구입한 곳은 어디인가요?

① 온라인 서점-인터넷 서점(서점명:)
② 오프라인 서점 매장(서점명: 점)
③ 마트(마트)
④ 기타 ( )

3 〈수학도둑 수학용어사전 ①권〉에서 가장 재미있던 장면은 무엇인가요?

4 응모하는 선물 이벤트에 동그라미 하세요.

※이벤트는 중복 응모가 가능합니다.
※이벤트 ③에는 꼭 갖고 싶은 권의 번호를 적어 주세요.

이벤트 ①	이벤트 ②	이벤트 ③
		권

실선을 따라 오려 주세요.

수학도둑 수학 용어사전 ①권 출간 기념 이벤트

올림포스의 신으로 돌아온
코믹 메이플스토리 주인공들과 수학 용어를
신나게 공부하고 수학 자신감을 키워 보세요!

- 응모 방법 : 애독자 엽서를 꼼꼼히 작성한 후, 응모하고 싶은 이벤트에 동그라미 하면 추첨하여 해당하는 선물을 보내 드려요.
- 응모 기간 : 2019년 10월 10일까지
- 당첨 발표 : 2019년 10월 18일 <서울문화사 어린이책> 공식 카페 (http://cafe.naver.com/ismgadong)

★ 애독자 엽서에 선물을 받으실 주소와 전화번호, 이름을 정확히 적어 주세요.

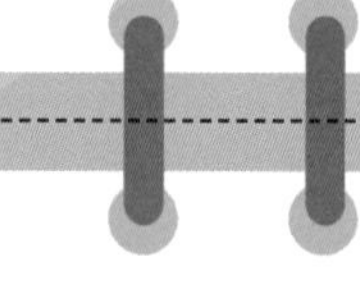

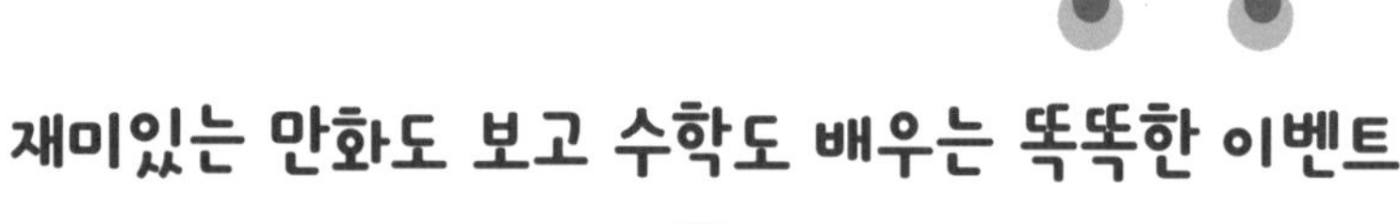

재미있는 만화도 보고 수학도 배우는 똑똑한 이벤트

내가 원하는 수학도둑 책 받기!

이벤트 ① 2명
수학도둑
기본편(1~15권) 받기

이벤트 ② 2명
수학도둑
심화편(31~45권) 받기

이벤트 ③ 10명
갖고 싶은
수학도둑 한 권 받기

실선을 따라 오려 주세요.